境由心生

王炼建筑速写艺术作品集

王炼　著

天津出版传媒集团
天津杨柳青画社

图书在版编目（CIP）数据

境由心生 ：王炼建筑速写艺术作品集 / 王炼著. -- 天津 ：天津杨柳青画社，2023.11
ISBN 978-7-5547-1154-5

Ⅰ. ①境… Ⅱ. ①王… Ⅲ. ①建筑画－速写－作品集－中国－现代 Ⅳ. ①TU204.132

中国国家版本馆CIP数据核字(2023)第212454号

境由心生 王炼建筑速写艺术作品集
JINGYOUXINSHENG WANG LIAN JIANZHU SUXIE YISHU ZUOPINJI

出 版 人：刘　岳
策划编辑：董玉飞　魏肖云
责任编辑：刘奇卉
美术编辑：司佳祺　项兴明
出版发行：天津杨柳青画社
社　　址：天津市河西区佟楼三合里 111 号
邮　　编：300074
编辑部电话：(022)28379185
印　　刷：朗翔印刷（天津）有限公司
开　　本：889 毫米 ×1194 毫米 1/16
版　　次：2023 年 11 月第 1 版
印　　次：2023 年 11 月第 1 次印刷
印　　张：12.5
字　　数：124 千字
书　　号：978-7-5547-1154-5

定　　价：168.00 元

王炼，男，汉族，安徽砀山人，1987 年 1 月出生，中共党员，博士研究生，讲师，CRRU（设计学）硕士生导师。现任江苏建筑职业技术学院建筑装饰学院副院长，从事可持续环境设计、传统村落保护与更新、手绘表现等方向的教学和科研工作。

内容提示

本书主要内容为笔者多年从事建筑写生与创作的速写作品，包括建筑速写理论解析、国内传统建筑与现代城市建筑速写、国外著名建筑与环境速写等。书中对建筑速写表现的各个环节有针对性地进行了解读、分析，并介绍了相关技法的运用，同时对建筑速写的各种表达方法与表现效果进行了充分的阐释。本书内容简明扼要、图文并茂、手绘技法多样。对于建筑环境速写的前沿性表达有更全面的认识，对阅读者认识建筑速写和提高建筑审美都有更好的促进作用。

本书可作为本科、高职院校建筑设计、景观设计、城市规划等专业的参考资料，也可供从事建筑设计、环境设计等工作的相关人员参考使用。

目录

中国经典建筑速写

西方经典建筑速写

东南亚及现代建筑速写

序

王炼是一位出色的教育工作者，也是一位于工作和日常间隙勤于创作的画者，在建筑手绘与水彩创作两个领域笔耕不辍，可谓硕果累累。

窃以为，对于这本《境由心生——王炼建筑速写艺术作品集》，读者朋友们可从两方面去阅读和认识：

首先，从专业的层面看，建筑速写作为艺术表现技法的一种，是环境设计表达的经典方式，也是方案构思的重要手段。综合欣赏王炼的建筑速写，可以明显地体会三个基本特点。其一，造型基础扎实，场景空间的透视结构把握到位；其二，用笔果断肯定，用线娴熟流畅，驾轻就熟之间具有很强的表现力；其三，作品内容丰富，涉及场景多元，画面将节奏感和整体感寓于统一，蕴含一定的审美品位与专业素养。对于建筑或环境设计专业而言，保持速写记录与手绘创作，保持心、手、眼的合一，不仅能满足设计教学的基础需要，也能持续不断地促进专业思考，实现教学相长。

其次，从艺术的层面看，建筑速写也蕴含着才情的表现和生活感悟的抒发。艺术带给人思考和启迪，使生命更加丰富和立体，让容易疲乏和匆忙的日常再次充满感知力。中外历史中优秀的设计家，往往力求技术与艺术的高度融合、高技术与高情感的结合。艺术设计不但需要专业基础的经验累积，也需要对历史文明、文化遗产、人文自然进行综合的思考、提炼和升华。这亦当是吾辈学习的方向。而该册作品集的表现场景涵盖中外典型历史建筑，既包含多姿多彩的国内乡土民居环境，也包含富有浓郁异国风情的外国建筑。作为一种生活方式的表达和专业思考的途径，画者在笔尖之上的起舞畅游，不但呈现了扎实的技法基础，更增添了多维的艺术视角与旨趣，是画者心迹与行迹的最好记录。

一点拙见。再次祝贺作品集付梓。

金濡欣

壬寅腊冬于江苏建筑职业技术学院

建筑速写的内涵、发展与当代价值

摘要

建筑速写是一种非常简捷有效的设计和空间表现形式，因其快速性、便捷性、有效性等特性得到设计师的青睐，但建筑速写的内涵与价值并未得到很好的梳理研究。建筑速写的表现形式多样，既可以是设计师对自然环境或建筑环境中视觉物象的写生记录，也可以是由抽象的设计思维转化为客观可视的视觉形象的过程性记录。本文通过文献调研和梳理，着重对建筑速写的基本属性、表达方式和内涵价值进行综合分析，力求更系统、更全面地解析建筑速写的发展历程、时代属性和当代价值。通过研究发现：建筑速写是建筑文化的传承，是服务空间设计的重要载体，是提升空间思维的重要手段，是传播拓宽美学的重要通道。

关键词

建筑速写、内涵、发展、当代价值

引言

《诗经》中《小雅》云“如鸟斯革，如翚斯飞”，意为古建筑的飞檐造型犹如大鸟振翅翱翔，其色彩斑斓，远看犹如锦鸡飞腾。建筑之美，可见一斑。

设计无处不在。空间设计强调以人为本，旨在创造形式与功能并存的空间。随着技术手段的发展，空间设计表现的形式和途径趋向多样化，通过电脑软件（三维动画渲染和制作软件 3DMAX、SKETCHUP 等）制作的空间效果图、立体模型形态展示、VR（Virtual Reality, 虚拟现实技术）、MR（Mixed Reality, 混合现实技术）、虚拟仿真等数字化体验式演示等等，不一而足。随着信息技术的不断发展，设计师越来越倾向于利用计算机辅助制图来完成相对复杂精致的环境设计图像，提高设计时效。在高校的相关专业学习中，很多同学以为电脑表现已经取代了传统的手绘表现。更有甚者，一些高校的专业课程设置把手绘表现和美术基础课取消。显而易见，这是出于对手绘表现的理解不足而形成的现象。设计师不仅可以用手绘草图将脑海中转瞬即逝的设计思维表现出来，更好地促进和衍生构思，也能直接传递自己的设计理念，增进与客户的交流，提高设计效率。因此，手绘表现依然是设计师应具备的一项不可或缺的基本能力。

建筑速写是提高手绘表现能力最有效的方法和途径。建筑是空间设计中的主体对象，景观设计和室内设计都与建筑密不可分，而建筑速写正是以建筑空间为主题的速写。优秀的设计师离不开良好的设计理念和空间构思，良好的设计理念和空间构思则离不开生活的积累。速写可以帮助设计师在观察生活的过程中培养造型能力和概括能力。画家周京新说过：速写能快捷记录，能积累素材，能锻炼造型，能提高创作能力，也能把一个画家尤其是“中国画家”毁成一袋“方便面”。[1] 由此可见，速写是一种不能间断太久的长期投入，是一种基于创作的提升方式。不管是设计创作还是艺术创作，过程性和结果性都无疑是关键要素。

经过对建筑速写的文献检索发现，现有文献对于建筑速写技法和在设计中的应用研究较多，对于建筑速写的内涵和价值研究较少，系统性不足。本文通过剖析，对建筑速写的表达方式和内涵价值进行研究，力求更系统、更全面地解析建筑速写的发展历程、内在属性和当代价值。

一、建筑速写刍议

（一）建筑速写的基本概念

作为中文词汇的“速写”，英文对应的词汇为“sketch”。速写，顾名思义是一种快速的记录方法。速写一方面是画者与自然对话最简练的绘画表现方式，最能直接地表达对自然万物和社会生活的真实感受；另一方面，速写是创作的准备阶段和构思记录手段，同素描一样，属于造型艺术的基础性训练。建筑速写，是以建筑形态为主体，通常以建筑环境之中的人物、动物、植物、山水等元素为配景，主要用线条进行绘制，用简练扼要的语言表现建筑的造型、结构以及与环境的关系，是空间设计者记录环境场景、表达自己初期设计思想的主要手段。在 18 世纪以后的欧洲，速写是作为一种独立的艺术形式而存在的。

速写表现既简短又精炼。受制于时间的限制和空间的变化，速写通常都是用简单而概括的方式来表现物体，在较短的时间内描绘出对象的主要特点。因此，速写可以培养画者敏锐的观察能力、准确的判断能力和系统的表达能力。优秀的建筑速写作品，不仅能从中感受到独特的艺术风格，而且能洞察到画者的品位、格调、志趣和修养。

（二）建筑速写的主要特点

1. 灵活性

建筑速写不像历史画、壁画、油画、国画那样需要预留大量的绘画空间、绘画用具以及时间去创作，建筑速写可使用钢笔、铅笔、炭笔、毛笔、速写纸、素描纸等简单的工具材料，创作地点也十分灵活。另外，速写可以用线、面、体等基本形式来表现恢宏的建筑和整体的环境，线条的肯定表现与虚实呈现，线条的浓重与飞白的相得益彰，线条挺直与弱化的并置共生，呈现出空间的形态、质感、气韵等众多物理特征和美学信息。[2]

2. 生动性

建筑速写是积攒创作素材的一种有效手段。“气韵生动”是中国画创作的评价标准和审美尺度，同样适用于建筑速写领域。清代蒋和在《学画杂记》中讲“大抵实处之妙，皆因虚处而生”，即言速写或画稿讲究善“虚”，画面留出足够的空白空间，以此烘托画面主体氛围。虽然当下的数码影像可以快速地积攒素材，但摄影照片更多的是对环境的复制。时间久之，画者的观察力和敏锐度会降低。而建筑速写会根据画者的意向，捕捉生动的景象，调整繁简和记忆，使作品很生动地表达出来。

3. 快捷性

诚如北宋画家范宽所言，要“师诸心”，师心悟道，旨在体悟自然与大道的生息互化。建筑速写的“速”就是快速地绘制、快速地完成。描绘是目的，速度是关键。用敏锐的视觉，在很短的时间描绘完成自己一时的建筑印象。有时一幅作品甚至仅用短短数分钟，就进行由表及里、由此及彼的想象和推测。

4. 概括性

建筑速写可以高度概括建筑轮廓和建筑内部之间的关系，用简练的线条表达复杂的透视和结构关系。从乔恩·伍重的悉尼歌剧院的设计草图中可以看到，寥寥几笔，就把悉尼歌剧院气势恢宏的建筑形态概括地表现出来。建筑速写线条游走所彰显出的力与美、简与繁、凝重与轻松、节奏与韵律等，无不浸润着画者独特的审美意识以及对物象表现浑然一体的高度概括能力。

5. 艺术性

速写的表现方式和风格可与西方建筑及绘画观念有所不同，画速写应敢于突破西方写实主义绘画理念的束缚，灵活地运用和借鉴优秀的艺术理念。齐康院士说过：建筑速写是以绘画的形式表现建筑师设计构思的应用性绘画，是不可获取的“活的灵魂”，是美的预言，更铸就了美。优秀的建筑速写作品本身就是一幅优秀的艺术作品。建筑速写除了具有可观性、可读性和可辨性，还要具有艺术性。

（三）建筑速写的主要功能

1. 建筑速写是空间设计的基础

建筑速写是一种表现设计师思维的绘画语言，是空间设计学习中必须掌握的基础课程。建筑速写主要培养学生的记忆能力、造型能力和审美能力，着重训练学生眼睛、手和大脑之间的协调性。如果建筑速写根基不牢，手绘及设计就会失去造型的桥梁，平面空间向三维空间转化的意识和能力也会随之减弱。

（1）培养表现能力

速写是将眼睛看到的景象，经过大脑思考而进行动手绘制的过程。现实生活中的物象形态各异，都存在于三维的空间当中。建筑速写要从各种角度描绘对象，需要思维、眼睛和手综合使用；需要用独特的观察方式以及设计视角；需要用很短的时间概括和表现；这三者是相互关联的。经过长期有意识的训练，才能训练我们视觉的敏感程度、锻炼对环境形态的观察和表现能力。

（2）提高审美能力

建筑速写不同于素描、色彩等基础造型课程那样需要细致地刻画，它在表现上可以更加自由、快速。而在很短的时间内抓住建筑及周围环境的空间形态并形象地表达出来并不容易，这需要对空间形态的透视关系、构图布局法则做到熟练于心。进行建筑速写表现时，画者常常需要透过一些建筑的细节衬托建筑“气质”“神态”和“神韵”。[3]这些技巧与艺术理念都需要我们对对象进行细致入微的观察、需要深入心灵的体会和审美意境的发掘。

（3）收集创作素材

速写着重于空间的练习和提炼，去掉冗余的元素，剩下有价值的素材，这样对空间的理解也就愈加深刻。不像摄影那样考虑诸多条件因素，用建筑速写的形式积累素材可以通过随性的勾画来锻炼观察能力和概括能力。积累了大量素材的同时，也提升了表达水平。

（4）培养创造思维

学习空间设计不仅需要掌握相关的专业知识和施工、制图等专业技术，也需要培养未来设计者的创造能力。设计的过程往往需要设计师反复地勾画草图从而获取灵感，这便是从建筑速写过程中得到的对生活的感受，积累到一定程度，便可以为设计打下坚实的思维基础。培养创造性思维需要发散性思维，从多角度、多层面的考虑中寻找答案。

2. 建筑速写是空间设计的手段

设计师随手用速写的形式勾勒图形、反复思考，激发无数的灵感，最终成就满意的设计。空间设计需要积累大量的设计素材。在设计过程中，需要运用速写的表现形式快速地勾勒出设计草图，经过反复的推敲、完善，逐渐成为完整的设计概念并指引设计方向。设计师为了完成更好的设计，要进行实际的工地测量，准确地勾画出平面图、剖面图、功能区分图、交通流线图等；与客户交流的过程中，把空间组织关系、材料的选择、结构的表现等用速写的形式表达出来，会更直观地表达设计意图，使设计过程更加流畅。

方案中的空间布局、建筑围合、对比渗透的层次、园林中的借景组景、园林空间的尺寸比例等，都是设计师在设计时应考虑的因素。设计师可通过对建筑速写高度的概括能力找到建筑物复杂的结构，用简单的线条突出表现设计艺术的意蕴。创作者将感悟自然世界和社会生活所积蓄的灵感，将富有生命律动的线条物化为可视的形态造型、可感的空间关系，融入其思想境界和创作经验。马蒂斯说：“好的作品，最重要的是表达画家内心的感受和情绪，以一种简化的方式，使表达出来的东西更简练、更率真，轻快地直接走入观众的心灵。”[4] 优秀的速写作品，不仅能感受到艺术品格，而且能从中洞察到画者的品位、格调、意趣和修养。

二、建筑速写的发展与美学原则

（一）建筑速写的发展沿革

从发展历程看，建筑速写的称谓最初起源于西方。建筑速写和建筑画两者之间并不存在明显的界限，许多建筑画都是以建筑速写的形式来表现的，尤见于建筑设计的创作概念图。早在 14 世纪文艺复兴时期，绘画就成为建筑生产过程中非常重要的部分，其主要作用是指导工匠精确施工。刊行于宋崇宁二年（1103 年）的《营造法式》是我国最早的一部关于传统古建筑样式营造的著作。书中不仅提出了一整套木构架建筑的模数制设计方法，而且附图共占六卷，凡是各种木质构件、屋架、雕刻、彩画、装修等都有详细图样。这些图样细腻逼真，丰富多彩。其中既有工程图，也有彩画画稿；既有分件图，也有总体图，充分反映了中国古代工程制图学和美术工艺的高水平。这类工法类的建筑工程图谱亦可等同于现在的设计施工制图，直观、准确、详细、逼真是当时建筑画的基本绘制要求，而作画能力在当时也被认为是一个人能否成为合格建筑师的重要依据。

直到 20 世纪，建筑在从设计概念诞生到施工落地的过程中产生了更细致的分工，这些分工逐渐成为一种面向社会大众的艺术建造活动，需要向公众展示方案并得到认同，因此就出现了概念方案草图这类易于大众理解的简单示意性的建筑绘画。可以说，这是建筑速写的雏形。基于建筑工程理性的维度，起初大家认为建筑画不能过于追求个性和花哨，应当客观、真实、准确地表达建筑尺度和建筑内涵，认为建筑画要和建造想法相契合，同时具有可分析的价值。因此，建筑画的实用性仍然占据主导地位。[5]

19 世纪的欧洲发明了用钢笔、铅笔、水彩等工具材料进行绘制，将绘制设计表现图的工具和技法的便捷性、可能性最大限度地扩大了。20 世纪发展至今，建筑画已不再局限于传统地表现真实物体形象。建筑空间的形态模式多样化，各种前卫、个性化的设计理念使建筑画成为一种更丰富广泛的表达方式和传播手段。艺术家也纷纷参与其中，使建筑画的风格样式更加多元，变成了从传递设计思维到展现最终建筑环境效果图的载体。建筑速写与绘画一样，其展示价值在这个发展过程中得到了充分的提升，有些甚至被当作艺术品在全球范围内流通、收藏，摆脱了原来只能依附于建筑建造本身、传达建筑内涵的角色。

建筑速写在发展历程中，功能与样式由“单一”向“多元”转变，价值也由“实用”向“展示”转变。从早年工匠通过建筑画记录建筑的建造方法、细部构造、装饰语言、比例系统等内容，到今天建筑师和设计师借助建筑速写体验生活、了解社会、风俗和文化，反映时代特征，表达对建筑风景的认知和情感体验。可以说，建筑画和建筑速写既有不同，也具有明显共性，它们都横跨了建筑与绘画两个领域，交叉融合了二者内在关系，兼容了两种专业门类的表现形式。

随着信息技术的不断提升，电脑辅助制图软件得到越来越多的开发和应用并趋向智能化。操作越来越便捷、功能越来越强大的情况下，设计师和学生作图更加趋向于电脑“操作”，但是操作不能等同于创作。现在很多设计初学者甚至觉得徒手表现的绘画图纸不如电脑效果图逼真，学习设计的学生甚至攀比谁用软件用得更娴熟，谁的作品做得逼真，试图用逼真的效果图掩盖设计的不足。电脑做出的效果图，无论灯光、色彩都是电脑模拟一定数值通过计算而产生的，它具备模拟空间现实的优势，但只能当作表达设计方案的一种辅助手段。设计者不能失去现场艺术实践的机遇，若仅将探索流于表面，则较难发掘深层次的内涵。过度依赖于电脑的程序化，会影响人的思考，影响设计灵感的发挥。长此以往，自然失去创作敏感力，设计水平也会随之下降。

（二）建筑速写遵循的美学原则

秩序之美带给人们稳定、平和的感觉；创新之美则给人新奇之感。建筑之美的规律主要体现在各种美学元素中，大体包含主题、比例、尺度、结构、韵律、和谐、均衡、虚实、质感、色彩等。合理地使用这些抽象的美学元素，就有可能创造出美的作品。[6]空间设计的本质是通过设计过程创造出美的空间供人们享受，建筑速写也需要美的画面来满足人们的视觉需求。

1. 主体与客体

无论是进行设计活动还是艺术创作，整体观都是整个活动中不可或缺的原则。主体和客体相互关联，互为补充。在建筑速写过程中，首先要确定一个想要表现的主体形态，放在主要的位置，细致地刻画，与主体无关的形态应适当减弱或者删除。如果需要更好地衬托主体，可以寻找、借用更好的景色与主体搭配。

2. 对称与均衡

对称是指一个整体的形态中间假设的对称轴两侧形成等量的关系，它给人一种视觉的平衡，建筑速写画面中的对称具有稳定统一的美感。但过于追求对称，画面就会变得过于死板，需打破绝对对称的格局，组合成相对对称的均衡局面，才能形成具有动感的平衡空间。[7]

3. 对比与和谐

对比是指具有差异的形态放在一起产生强烈反差，譬如：大的显得更大，小的显得更小，让不同的元素在矛盾中相互衬托，使形象的特点更加突出。形体之间的大小、远近、方向、明暗之间的对比，都可以影响建筑速写画面之间的空间感。

4. 节奏与韵律

节奏在日常生活现象中存在的例子很多，譬如日夜的循环、心脏的搏动、钟表的响声等。在设计作品中，一些设计元素按照一定的规律反复地出现，在视觉上、心理上就会产生节奏感。韵律是在节奏的前提下有意识的变化，在重复的基础上出现规律的变化，产生优美的律动感觉。建筑速写的创作，整体宜虚不宜实，行笔宜松不宜紧，构图宜空不宜满，营造画面的心理空间及想象空间，在重复中寻找突破，使画面更具韵律美。

5. 空白与虚实

“留白”是中国画独有的表现手法之一。留白是通过欣赏者的审美联想和想象而获得的一种意象空间。[8] 空白在画面中作用其实很大，会给人想象的空间。虚实在建筑速写中体现了画面的整体性。往往“虚”的表现是为了“实”的突出。在表现时，主体的建筑都会细致地表现，而配景则是为了突出主体而出现在画面上，需弱化处理。

三、建筑速写的创新与当代价值

建筑速写，是用来记录、表达眼睛看到或头脑中设想到的事物的一门语言，是极需要想象力、观察力和审美能力的智能性的工作。如果把建筑速写、设计手绘和设计思想割裂开来理解与研究，设计绘画者必然会感到迷失方向。只有把建筑速写艺术作品放到恰当的历史时间和文化背景中去，结合创作者的设计哲学来理解，才能得出恰当的评价和启发。

在研究建筑速写艺术时，当代性无疑是一种尺度。“当代性”并不是一个新概念，美学家别林斯基早在《论巴拉廷斯基的诗》一文中就提出：“在构成真正诗人的许多必要条件中，当代性应居其一。”显然他把当代性作为衡量真正诗人的一种必要条件。[9] 那么，对艺术设计的认知和实践而言，不仅与人的意识对客观自然审美映像的浑然觉悟相关，也与生命的缘起、发展、演变和归宿相关。[10] 回顾建筑速写艺术的发展，无论从技法的角度，还是功能性的考量，抑或是独立艺术美学的层面，对传统的尊重和继承，绝不意味着是对传统的片面强调，也不能简单盲目地追求当下潮流。优秀的艺术与设计来源于传统、立足于当代、超越于时代，是审美观念、趣味、功能的体现和物化，更是对美的诉求与期盼、对审美创造的表现与开拓。

“承续”与“拓展”是影响建筑速写艺术创新与发展的关键。“承续”，既是对天人合一、道法自然传统观念的继承和延续，也是对世界文明文化的承续和弘扬；既是对建筑历史发展的追溯，也是对艺术道路的笃定。于此，既要强调继承中、西方优秀的传统艺术理念，也应强调探究建筑速写艺术的本源、发展及嬗变。在继承中发展，在发展中继承；在创新中发展，在发展中创新；进而完成当代建筑速写艺术观念架构与秩序上的价值引领、平行双轨和路径疏导。建筑速写艺术的“拓展”，重在精神和美学层面的提升，重在建筑表现形式与内容的创新，重在回归真实自然的客观存在。通过“承续”与“拓展”，探寻中国文化、中国元素、中国精神的精髓，在文化自觉、文化传承中树立文化自信，努力完成建筑速写艺术当代转化与艺术拓展的时代叩问。[11]

如何提高建筑速写艺术的内涵和价值？首先要坚持把建筑速写艺术在更大范围、更广领域、更高层次内与艺术、与设计对话，与心灵和时空对话，让传统的建筑哲学思想为当代建筑速写注入源源不断的生长能量；其次要倡导建筑速写回归艺术原点，强调建筑速写回到艺术创造和设计造物本身，突出线性表现，将各种技法、类别、形式、语言、相通互融，不论是服务设计艺术还是艺术创作，建筑速写应表现新形式、新气象、新格局，在功能延续、文化传承和精神层面追求中扮演更加重要的角色；最后要在继承传统中延续优秀文脉，探索将建筑速写建立于中国当代文化语境中的文化精神和艺术创新，注重建筑速写当代转化中的新风格、新特征和新个性，从哲学观念、文化内涵、绘画语汇、设计构思和审美意蕴等方面，不断构建和提升建筑速写的层次品格与当代价值。

建筑速写是一种语言。语言既是表达思想的手段，又是形成思想的先决条件。设计语言是非常严格规定的语言，探索设计语言的可能性并研究艺术设计存在的可能性领域是非常广阔的，也是非常有意义的。建筑速写的内核是建筑文化的传承，是服务空间设计的重要载体，是提升空间思维能力的重要手段，是拓宽美学的重要通道。为此，建筑速写不应该仅仅站在历史和思想的高处，更应扩大建筑速写艺术创新发展的可能性和延展空间，不断加强艺术与设计、艺术家与设计师、个人与社会公众之间的交流、理解及互动，运用科技手段和数字艺术设计等方式，对传统建筑速写艺术进行数位创作转化与传播，探讨传统速写艺术与现代科技的交融。

参考文献

【1】赵蕾 . 力透纸背的“水墨雕塑”——周京新的水墨画艺术 [J]. 美术观察 ,2022,No.328(12):118-119.

【2】【7】梁伟 . 建筑速写在环境艺术设计中的应用探析 [D]. 河北师范大学 ,2015.

【3】田忠利 . 搜妙创真——传统美学视野中的速写 [J]. 美术研究 ,2022,No.202(04):122-125.DOI:10.13318/j.cnki.msyj.2022.04.008.

【4】丁宁 . 回溯与创造：原始艺术和现代艺术 [J]. 文艺研究 ,2006(04):4-13+158.

【5】夏克梁，徐卓恒 . 建筑速写 [M]. 中国美术学院出版社 ,2019.7.

【6】刘玉立 . 建筑速写与设计表现 [M]. 同济大学出版社 ,2010.5.

【8】徐邠 . 想象的空间——中国画留白之诠释 [J]. 苏州大学学报 ,2006(05):62-63.

【9】齐凤阁 . 论版画的当代性 [J]. 文艺研究 ,1999(06):112-115.

【10】【11】蔡劲松 . 中国传统“画道”：内核、意蕴及当代价值 [J]. 北京航空航天大学学报 (社会科版),2020,33(02):4550.DOI:10.13766/j.bhsk.1008-2204.2019.044.

中国经典建筑速写

北京玉安大厦 BEIJING YU'AN ARCHITECTURE

王炼 WANG LIAN
建筑速写 /2020 ARCHITECTURE SKETCHES/2020 21cm×30cm

苏公塔 EMIN MINARET

王炼 WANG LIAN
建筑速写 /2020 ARCHITECTURE SKETCHES/2020 21cm×30cm

侗族传统民居 DONG TRADITIONAL HOUSES

王炼 WANG LIAN
建筑速写 /2014 ARCHITECTURE SKETCHES/2014 21cm×30cm

西江传统建筑 XIJIANG TRADITIONAL ARCHITECTURE

王炼 WANG LIAN
建筑速写 /2021 ARCHITECTURE SKETCHES/2021 21cm×30cm

圆明园 YUANMINGYUAN

王炼 WANG LIAN
建筑速写 /2014 ARCHITECTURE SKETCHES/2014 21cm×30cm

西藏大昭寺 JOKHANG TEMPLE IN XIZANG

王炼 WANG LIAN
建筑速写 /2018 ARCHITECTURE SKETCHES/2018 21cm×30cm

风景建筑 1 LANDSCAPE ARCHITECTURE 1

王炼 WANG LIAN
建筑速写 /2020 ARCHITECTURE SKETCHES/2020 21cm×30cm

福建土楼 1 FUJIAN TULOU 1

王炼 WANG LIAN
建筑速写 /2013 ARCHITECTURE SKETCHES/2013 21cm×30cm

福建土楼 2 FUJIAN TULOU 2

王炼 WANG LIAN

建筑速写 /2013 ARCHITECTURE SKETCHES/2013 21cm×30cm

福建土楼 3 FUJIAN TULOU 3

王炼 WANG LIAN
建筑速写 /2020 ARCHITECTURE SKETCHES/2020 21cm×30cm

福建土楼 4 FUJIAN TULOU 4

王炼 WANG LIAN

建筑速写 /2020 ARCHITECTURE SKETCHES/2020 21cm×30cm

土楼 1 TULOU 1

王炼 WANG LIAN
建筑速写 /2020 ARCHITECTURE SKETCHES/2020 21cm×30cm

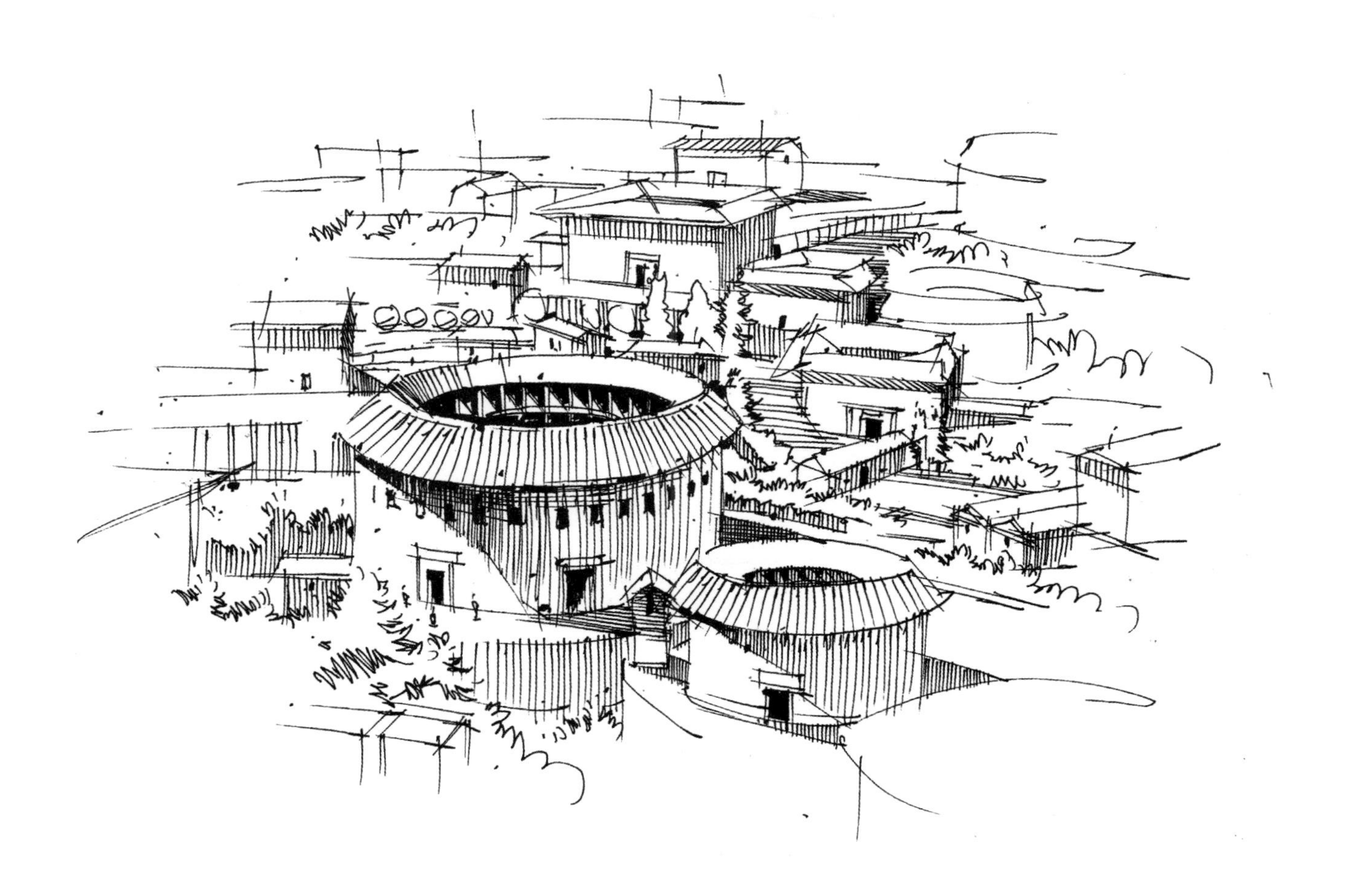

土楼 2 TULOU 2

王炼 WANG LIAN
建筑速写 /2021 ARCHITECTURE SKETCHES/2021 21cm×30cm

广西侗族建筑 DONG ARCHITECTURE OF GUANGXI

王炼 WANG LIAN
建筑速写 /2022 ARCHITECTURE SKETCHES/2022 21cm×30cm

传统街道建筑风景 TRADITIONAL STREET ARCHITECTURE VIEW

王炼 WANG LIAN

建筑速写 /2020 ARCHITECTURE SKETCHES/2020 21cm×30cm

街侧建筑 STREET ARCHITECTURE

王炼 WANG LIAN
建筑速写 /2020 ARCHITECTURE SKETCHES/2020 21cm×30cm

丽江古镇 1 THE ANCIENT TOWN IN LIJIANG 1

王炼 WANGLIAN
建筑速写 /2013 ARCHITECTURE SKETCHES/2013 21cm×30cm

丽江古镇 2 THE ANCIENT TOWN IN LIJIANG 2

王炼 WANG LIAN
建筑速写 /2018 ARCHITECTURE SKETCHES/2018 21×30cm

丽江小镇 1 LIJIANG TOWN 1

王炼 WANG LIAN
建筑速写 /2014 ARCHITECTURE SKETCHES/2014 21cm×30cm

丽江小镇 2 LIJIANG TOWN 2

王炼 WANG LIAN
建筑速写 /2020 ARCHITECTURE SKETCHES/2020 21cm×30cm

苗寨 1 THE MIAO STOCKADED VILLAGE 1

王炼 WANG LIAN
建筑速写 /2015 ARCHITECTURE SKETCHES/2015 21cm×30cm

苗寨 2 THE MIAO STOCKADED VILLAGE 2

王炼 WANG LIAN
建筑速写 /2015 ARCHITECTURE SKETCHES/2015 21cm×30cm

苗寨 5 THE MIAO STOCKADED VILLAGE 5

王炼 WANG LIAN
建筑速写 /2020 ARCHITECTURE SKETCHES/2020 21cm×30cm

苗寨传统建筑 2 THE MIAO STOCKADED VILLAGE TRADITIONAL ARCHITECTURE 2

王炼 WANGL LIAN
建筑速写 /2013 ARCHITECTURE SKETCHES/2013 21cm×30cm

苗寨传统建筑 3 THE MIAO STOCKADED VILLAGE TRADITIONAL ARCHITECTURE 3

王炼 WANG LIAN
建筑速写 /2020 ARCHITECTURE SKETCHES/2020 21cm×30cm

苗寨传统建筑 4 THE MIAO STOCKADED VILLAGE TRADITIONAL ARCHITECTURE 4

王炼 WANG LIAN
建筑速写 /2021 ARCHITECTURE SKETCHES/2021 21cm×30cm

苗寨传统建筑 5 THE MIAO STOCKADED VILLAGE TRADITIONAL ARCHITECTURE 5

王炼 WANG LIAN
建筑速写 /2014 ARCHITECTURE SKETCHES/2014 21cm×30cm

苗寨传统建筑 6 THE MIAO STOCKADED VILLAGE TRADITIONAL ARCHITECTURE 6

王炼 WANG LIAN
建筑速写 /2020 ARCHITECTURE SKETCHES/2020 21cm×30cm

苗寨传统建筑 7 THE MIAO STOCKADED VILLAGE TRADITIONAL ARCHITECTURE 7

王炼 WANG LIAN
建筑速写 /2021 ARCHITECTURE SKETCHES/2021 21cm×30cm

苗寨传统建筑 8 THE MIAO STOCKADED VILLAGE TRADITIONAL ARCHITECTURE 8

王炼 WANG LIAN
建筑速写 /2017 ARCHITECTURE SKETCHES/2017 21cm×30cm

纳西族建筑 NAXI MINORITY ARCHITECTURE

王炼 WANG LIAN
建筑速写 /2014 ARCHITECTURE SKETCHES/2014 21cm×30cm

千户苗寨 QIANHU MIAO STOCKADED VILLAGE

王炼 WANG LIAN
建筑速写 /2014 ARCHITECTURE SKETCHES/2014 21cm×30cm

乡村民居建筑 RURAL RESIDENTIAL ARCHITECTURE

王炼 WANG LIAN
建筑速写 /2013 ARCHITECTURE SKETCHES/2013 21cm×30cm

云南建筑风景 ARCHITECTURE LANDSCAPE IN YUNNAN

王炼 WANG LIAN
建筑速写 /2014 ARCHITECTURE SKETCHES/2014 21cm×30cm

丽江古城建筑 OLD TOWN ARCHITECTURE IN LIJIANG

王炼 WANG LIAN
建筑速写 /2017 ARCHITECTURE SKETCHES/2017 21cm×30cm

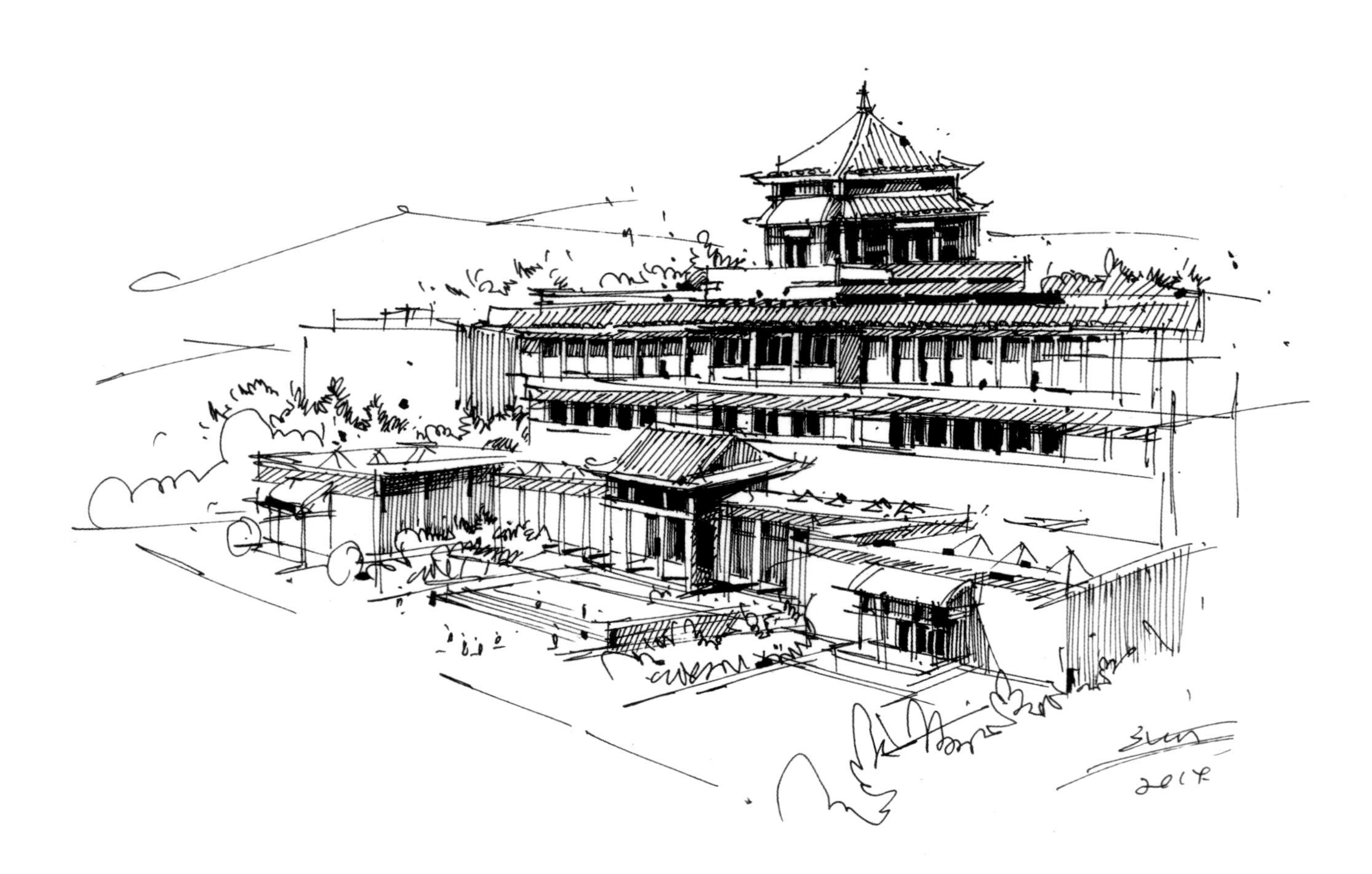

中国美术馆 NATIONAL ART MUSEUM OF CHINA

王炼 WANG LIAN
建筑速写 /2014 ARCHITECTURE SKETCHES/2014 21cm×30cm

北京三里屯街道建筑 STREET ARCHITECTURE IN BEIJING SANLITUN

王炼 WANG LIAN
建筑速写 /2023 ARCHITECTURE SKETCHES/2023 21cm×30cm

重庆市人民大礼堂 CHONGQING PEOPLE'S GREAT HALL

王炼 WANG LIAN
建筑速写 /2014 ARCHITECTURE SKETCHES/2014 21cm×30cm

喀什街道建筑 KASHI STREET ARCHITECTURE

王炼 WANG LIAN
建筑速写 /2022 ARCHITECTURE SKETCHES/2022 21cm×30cm

北欧街道 NORDIC STREETS

王炼 WANG LIAN
建筑速写 /2020 ARCHITECTURE SKETCHES/2020 21cm×30cm

2020.3.9

巴塞罗那米拉公寓 BARCELONA MILA APARTMENTS

王炼 WANG LIAN

建筑速写 /2020 ARCHITECTURE SKETCHES/2020 21cm×30cm

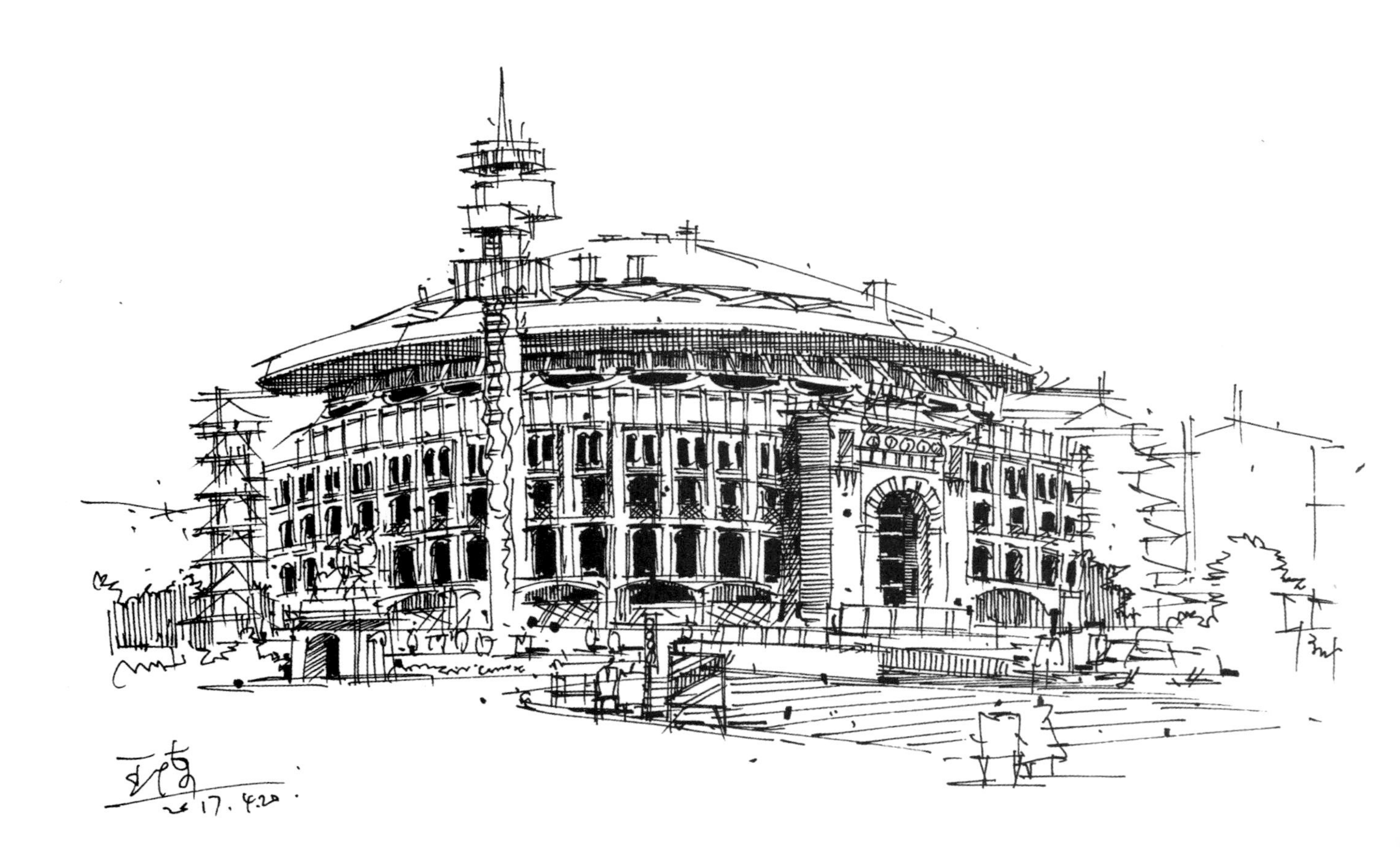

传统体育场 TRADITIONAL STADIUM

王炼 WANG LIAN
建筑速写 /2017 ARCHITECTURE SKETCHES/2017 21cm×30cm

德国建筑 1 GERMAN ARCHITECTURE 1

王炼 WANG LIAN
建筑速写 /2020 ARCHITECTURE SKETCHES/2020 21cm×30cm

德国建筑 2 GERMAN ARCHITECTURE 2

王炼 WANG LIAN
建筑速写 /2020 ARCHITECTURE SKETCHES/2020 21cm×30cm

德国建筑 3 GERMAN ARCHITECTURE 3

王炼 WANG LIAN
建筑速写 /2022 ARCHITECTURE SKETCHES/2022 21cm×30cm

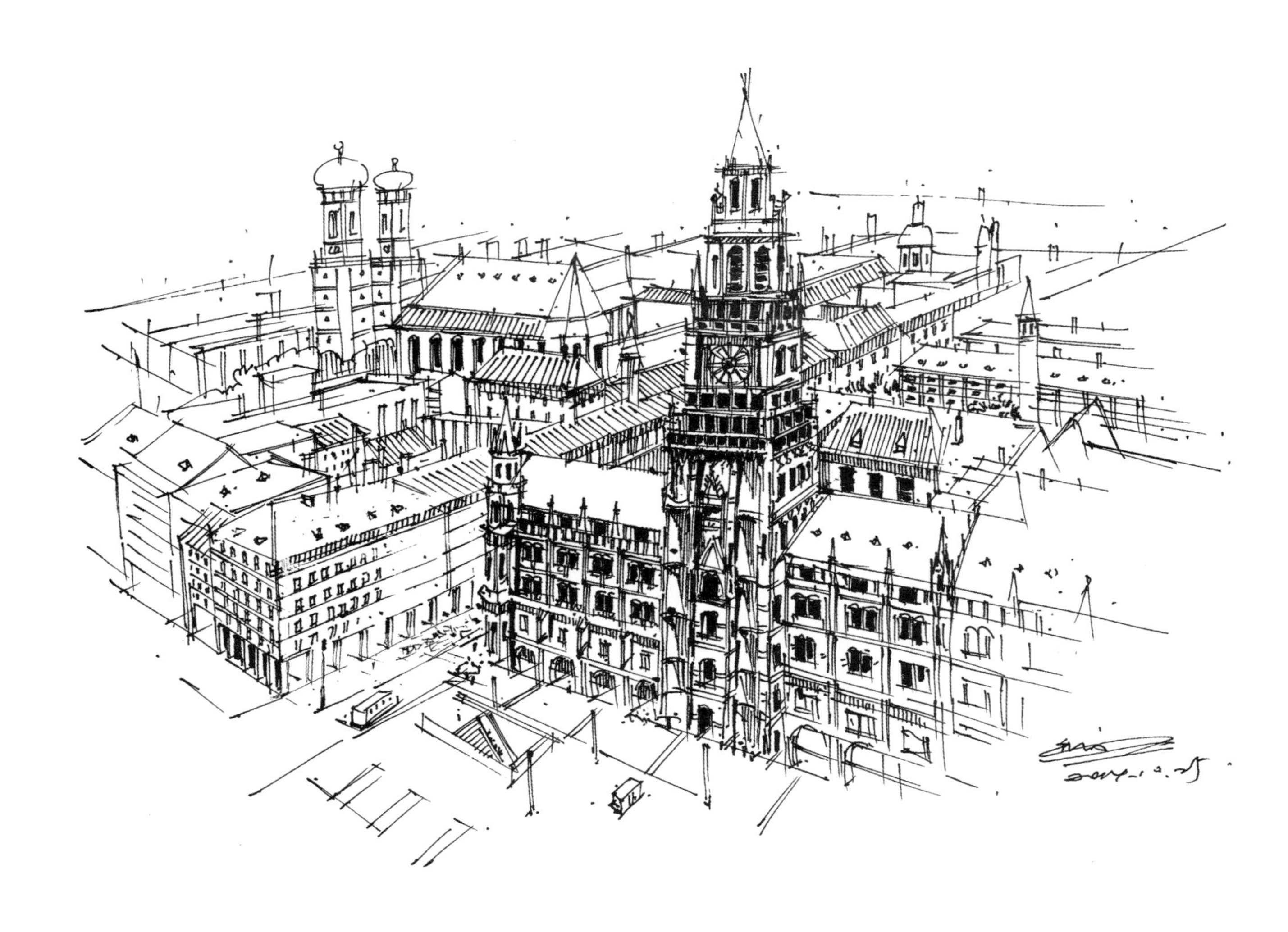

德国市政广场 1 GERMAN MUNICIPAL SQUARE 1

王炼 WANG LIAN
建筑速写 /2014 ARCHITECTURE SKETCHES/2014 21cm×30cm

风景建筑 2 SCENIC ARCHITECTURE 2

王炼 WANG LIAN
建筑速写 /2020 ARCHITECTURE SKETCHES/2020 21cm×30cm

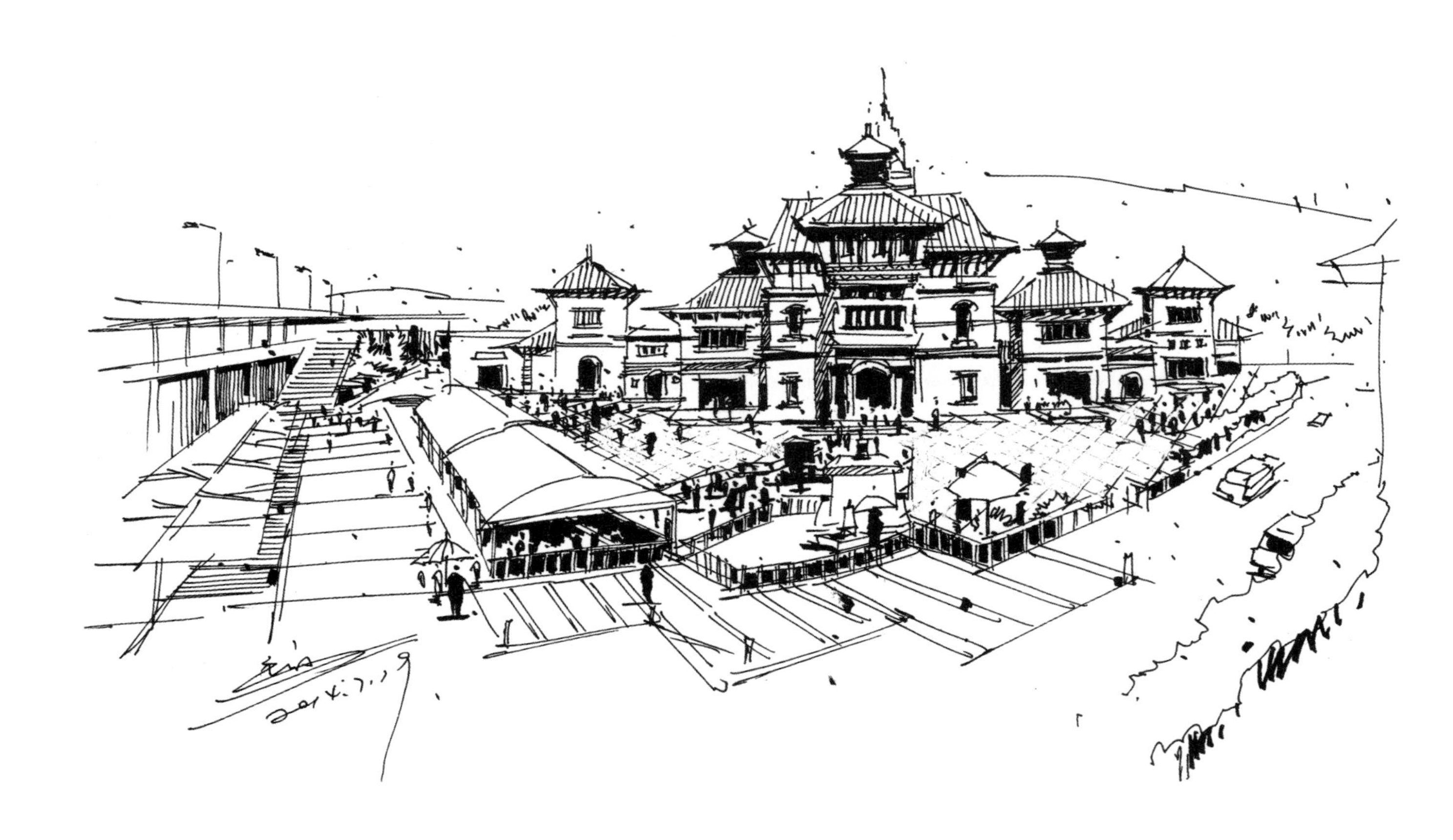

西方古典建筑广场 WESTERN CLASSICAL ARCHITECTURE SQUARE

王炼 WANG LIAN
建筑速写 /2014 ARCHITECTURE SKETCHES/2014 21cm×30cm

街道建筑 1 STREET ARCHITECTURE 1

王炼 WANG LIAN
建筑速写 /2014 ARCHITECTURE SKETCHES/2014 21cm×30cm

街道建筑 2 STREET ARCHITECTURE 2

王炼 WANG LIAN
建筑速写 /2017 ARCHITECTURE SKETCHES/2017 21cm×30cm

街道建筑 3 STREET ARCHITECTURE 3

王炼 WANG LIAN
建筑速写 /2020 ARCHITECTURE SKETCHES/2020 21cm×30cm

街道建筑 4 STREET ARCHITECTURE 4

王炼 WANG LIAN
建筑速写 /2020 ARCHITECTURE SKETCHES/2020 21cm×30cm

酒店建筑 HOTEL BUILDING

王炼 WANG LIAN
建筑速写 /2015 ARCHITECTURE SKETCHES/2015 21cm×30cm

历史建筑遗存 REMAINS OF HISTORICAL ARCHITECTURE

王炼 WANG LIAN
建筑速写 /2020 ARCHITECTURE SKETCHES/2020 21cm×30cm

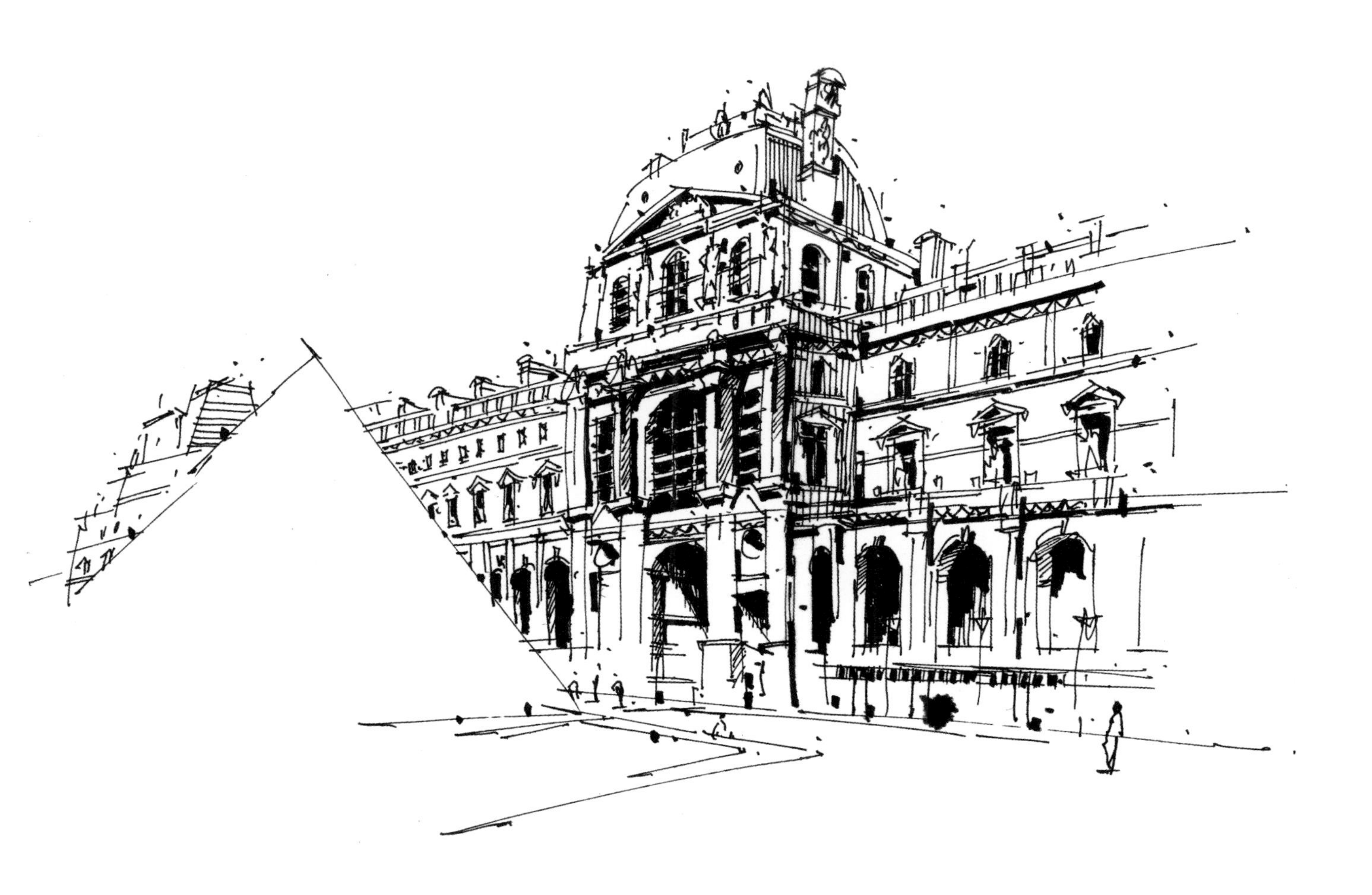

卢浮宫 PALAIS DE LOUVRE

王炼 WANG LIAN
建筑速写 /2021 ARCHITECTURE SKETCHES/2021 21cm×30cm

欧洲历史建筑遗存 REMAINS OF EUROPEAN HISTORICAL ARCHITECTURE

王炼 WANG LIAN
建筑速写 /2020 ARCHITECTURE SKETCHES/2020 21cm×30cm

马德里普拉多美术馆 PRADO MUSEUM IN MADRID

王炼 WANG LIAN

建筑速写 /2020 ARCHITECTURE SKETCHES/2020 21cm×30cm

慕尼黑市政玛丽亚广场 MUNICH MUNICIPAL MARIA SQUARE

王炼 WANG LIAN

建筑速写 /2014 ARCHITECTURE SKETCHES/2014 55cm×76cm

慕尼黑市政厅 MUNICH CITY HALL

王炼 WANG LIAN
建筑速写 /2014 ARCHITECTURE SKETCHES/2014 76cm×110cm

欧美建筑 EUROPE AND AMERICA ARCHITECTURE

王炼 WANG LIAN
建筑速写 /2021 ARCHITECTURE SKETCHES/2021 21cm×30cm

欧式传统建筑 1 EUROPEAN-STYLE TRADITIONAL ARCHITECTURE 1

王炼 WANG LIAN
建筑速写 /2017 ARCHITECTURE SKETCHES/2017 21cm×30cm

欧式传统建筑 2 EUROPEAN-STYLE TRADITIONAL ARCHITECTURE 2

王炼 WANG LIAN
建筑速写 /2017 ARCHITECTURE SKETCHES/2017 21cm×30cm

欧式传统酒店 EUROPEAN-STYLE TRADITIONAL HOTEL

王炼 WANG LIAN
建筑速写 /2017 ARCHITECTURE SKETCHES/2017 21cm×30cm

欧式建筑 1 EUROPEAN-STYLE ARCHITECTURE 1

王炼 WANG LIAN
建筑速写 /2015 ARCHITECTURE SKETCHES/2015 21cm×30cm

欧式建筑 2 EUROPEAN-STYLE ARCHITECTURE 2

王炼 WANG LIAN
建筑速写 /2015 ARCHITECTURE SKETCHES/2015 21cm×30cm

欧式建筑 3 EUROPEAN-STYLE ARCHITECTURE 3

王炼 WANG LIAN
建筑速写 /2016 ARCHITECTURE SKETCHES/2016 21×30cm

西班牙瓦伦西亚建筑 SPAIN VALENCIA ARCHITECTURE

王炼 WANGLIAN

建筑速写 /2021 ARCHITECTURE SKETCHES/2021 21×30cm

西班牙斗兽场 SPAIN COLOSSEUM

王炼 WANG LIAN
建筑速写 /2020 ARCHITECTURE SKETCHES/2020 21cm×30cm

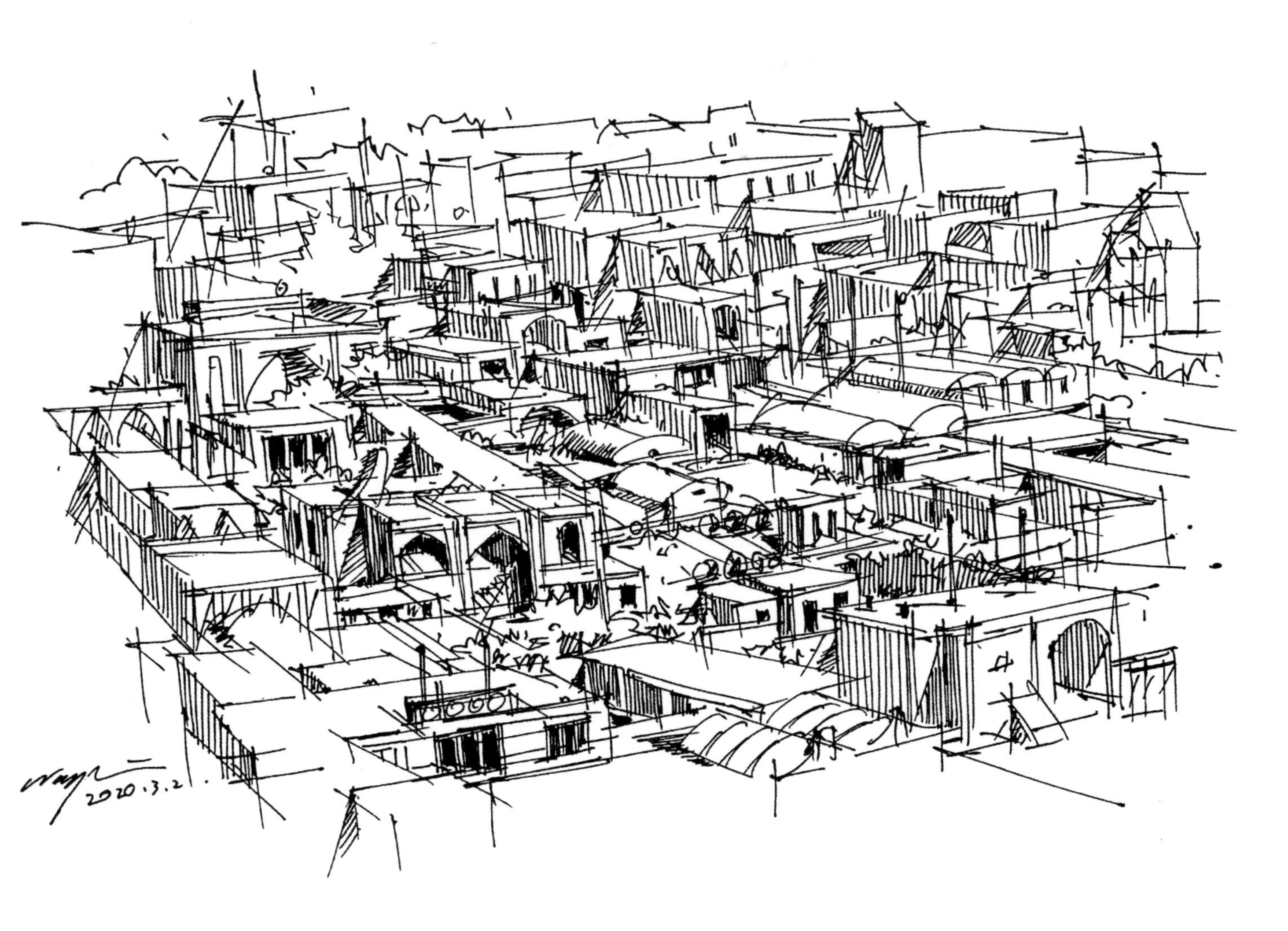

西班牙小镇 SPANI TOWN

王炼 WANG LIAN
建筑速写 /2020 ARCHITECTURE SKETCHES/2020 21cm×30cm

西方传统建筑 1 THE WEST TRADITIONAL ARCHITECTURE 1

王炼 WANG LIAN
建筑速写 /2015 ARCHITECTURE SKETCHES/2015 21cm×30cm

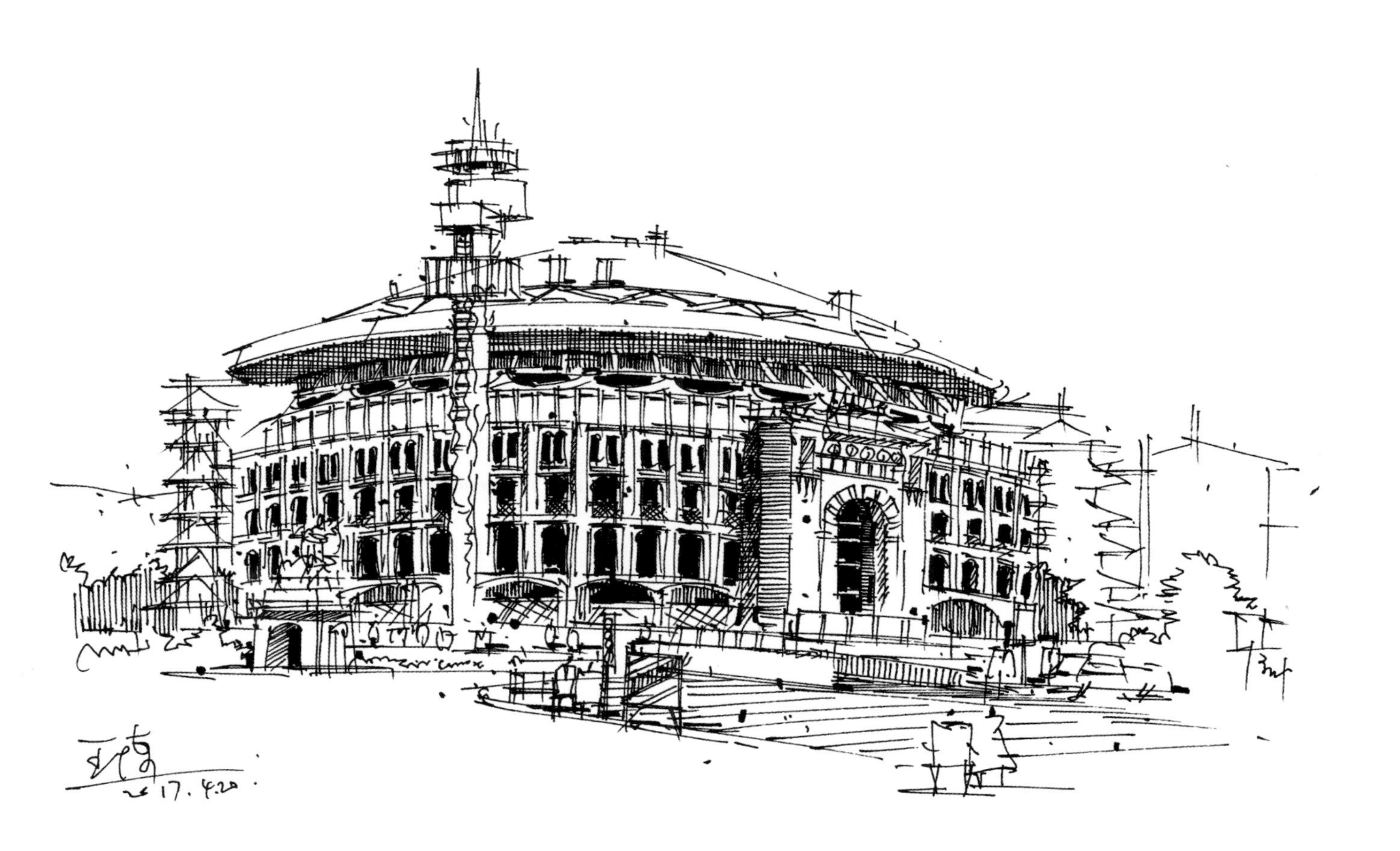

西方建筑 3 THE WEST ARCHITECTURE 3

王炼 WANG LIAN
建筑速写 /2017 ARCHITECTURE SKETCHES/2017 21cm×30cm

西方建筑 4 THE WEST ARCHITECTURE 4

王炼 WANG LIAN
建筑速写 /2020 ARCHITECTURE SKETCHES/2020 21cm×30cm

西方建筑 5 THE WEST ARCHITECTURE 5

王炼 WANG LIAN

建筑速写 /2020 ARCHITECTURE SKETCHES/2020 21cm×30cm

西方建筑 6 THE WEST ARCHITECTURE 6

王炼 WANG LIAN
建筑速写 /2021 ARCHITECTURE SKETCHES/2021 21cm×30cm

英国传统建筑 1 BRITISH TRADITIONAL ARCHITECTURE 1

王炼 WANG LIAN

建筑速写 /2015 ARCHITECTURE SKETCHES/2015 21cm×30cm

英国传统建筑 2 BRITISH TRADITIONAL ARCHITECTURE 2

王炼 WANG LIAN
建筑速写 /2015 ARCHITECTURE SKETCHES/2015 21cm×30cm

丹麦市政广场建筑 DANISH MUNICIPAL SQUARE ARCHITECTURE

王炼 WANG LIAN
建筑速写 /2022 ARCHITECTURE SKETCHES/2022 21cm×30cm

东南亚及现代建筑速写

加德满都建筑 KATHMANDU ARCHITECTURE

王炼 WANG LIAN
建筑速写 /2014 ARCHITECTURE SKETCHES/2014 21cm×30cm

加德满都杜巴广场 KATHMANDU DURBAR SQUARE

王炼 WANG LIAN
建筑速写 /2019 ARCHITECTURE SKETCHES/2019 21cm×30cm

尼泊尔巴德冈 1 PATGAON, NEPAL 1

王炼 WANG LIAN
建筑速写 /2014 ARCHITECTURE SKETCHES/2014 21cm×30cm

尼泊尔巴德冈 2 PATGAON, NEPAL 2

王炼 WANG LIAN
建筑速写 /2014 ARCHITECTURE SKETCHES/2014 21cm×30cm

巴德冈 PATGAON

王炼 WANG LIAN
建筑速写 /2021 ARCHITECTURE SKETCHES/2021 21cm×30cm

印象巴德冈 IMPRESSION OF PATGAON

王炼 WANG LIAN
建筑速写 /2014 ARCHITECTURE SKETCHES/2014 21cm×30cm

尼泊尔建筑 1 NEPAL ARCHITECTURE 1

王炼 WANG LIAN
建筑速写 /2015 ARCHITECTURE SKETCHES/2015 21cm×30cm

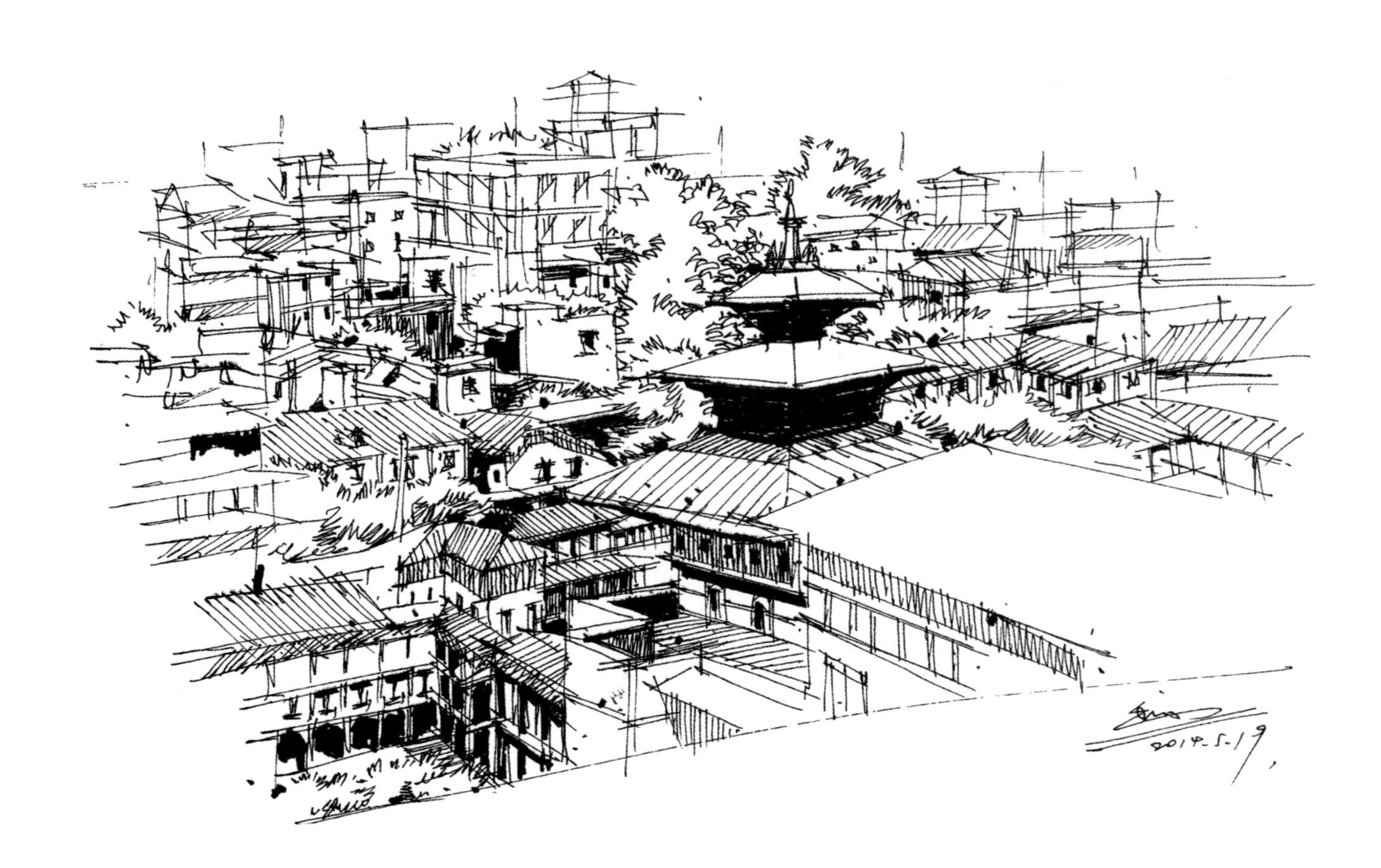

尼泊尔建筑 2 NEPAL ARCHITECTURE 2

王炼 WANG LIAN
建筑速写 /2014 ARCHITECTURE SKETCHES/2014 21cm×30cm

尼泊尔建筑 3 NEPAL ARCHITECTURE 3

王炼 WANG LIAN
建筑速写 /2015 ARCHITECTURE SKETCHES/2015 21cm×30cm

尼泊尔建筑 4 NEPAL ARCHITECTURE 4

王炼 WANG LIAN
建筑速写 /2020 ARCHITECTURE SKETCHES/2020 21cm×30cm

现代建筑 1 MODERN ARCHITECTURE 1

王炼 WANG LIAN
建筑速写 /2020 ARCHITECTURE SKETCHES/2020 21cm×30cm

现代建筑 2 MODERN ARCHITECTURE 2

王炼 WANG LIAN
建筑速写 /2020 ARCHITECTURE SKETCHES/2020 21cm×30cm

现代建筑 3 MODERN ARCHITECTURE 3

王炼 WANG LIAN
建筑速写 /2014 ARCHITECTURE SKETCHES/2014 21cm×30cm

现代建筑 4 MODERN ARCHITECTURE 4

王炼 WANG LIAN
建筑速写 /2015 ARCHITECTURE SKETCHES/2015 21cm×30cm

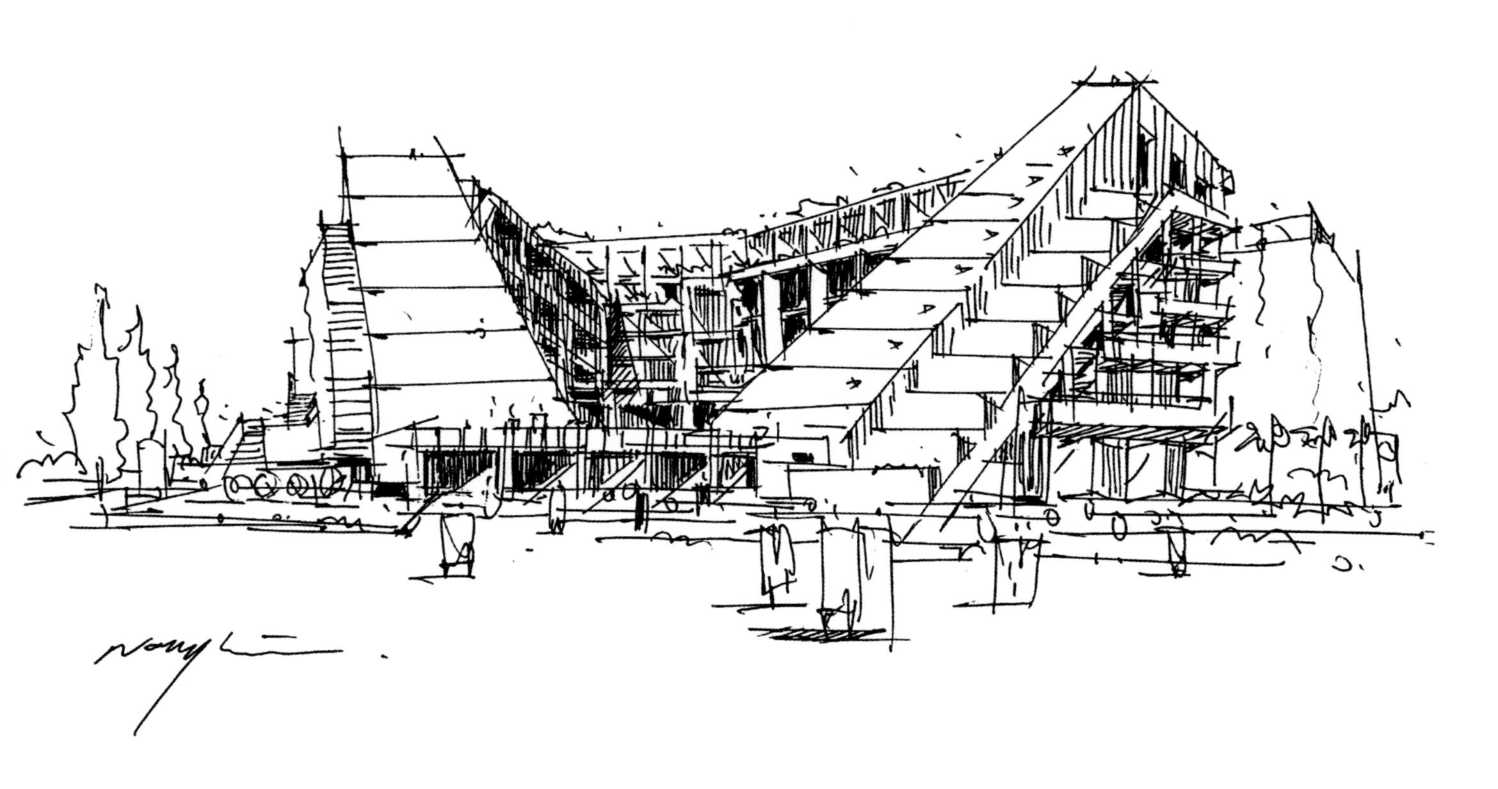

现代建筑 5 MODERN ARCHITECTURE 5

王炼 WANG LIAN
建筑速写 /2019 ARCHITECTURE SKETCHES/2019 21cm×30cm

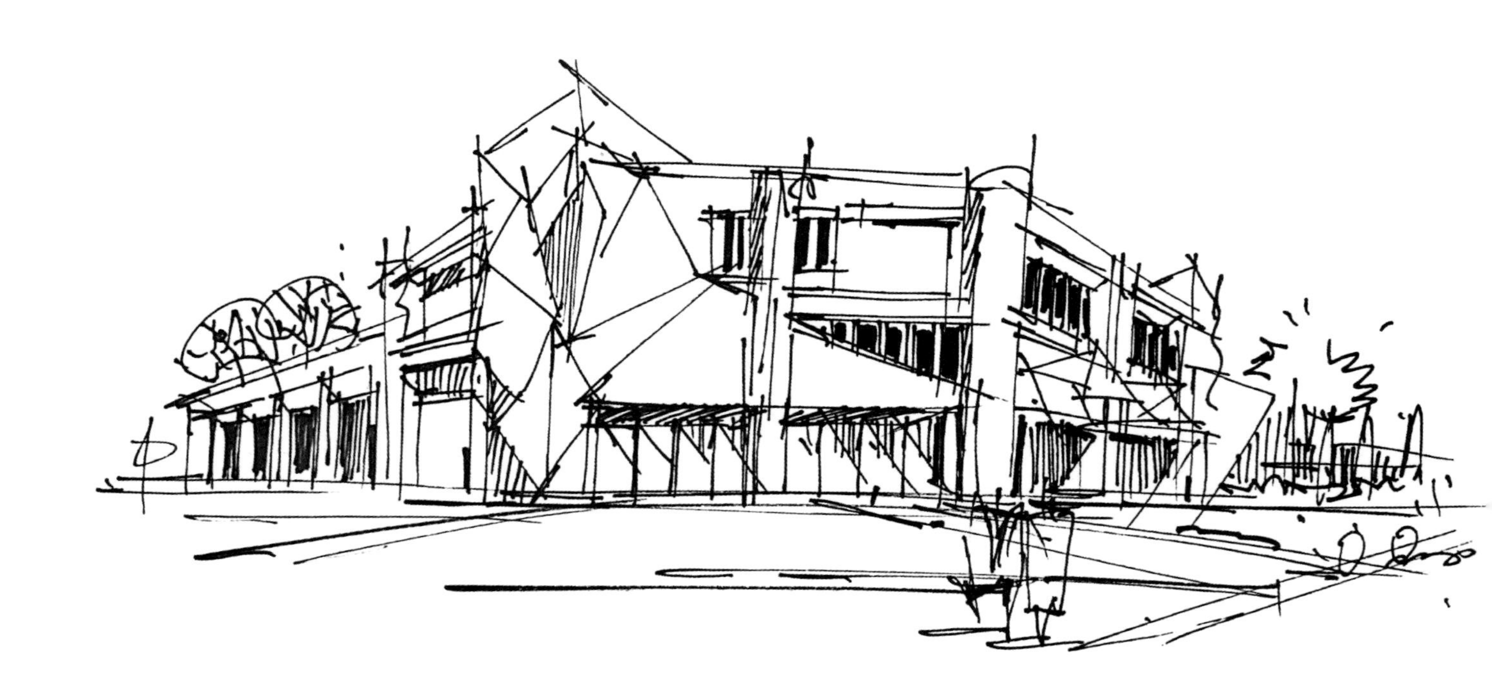

现代建筑 6 MODERN ARCHITECTURE 6

王炼 WANG LIAN
建筑速写 /2020 ARCHITECTURE SKETCHES/2020 21cm×30cm

柴瓦塔那兰寺 1 CHAIWA TANNARAN TEMPLE 1

王炼 WANG LIAN
建筑速写 /2023 ARCHITECTURE SKETCHES/2023 21cm×30cm

柴瓦塔那兰寺 2 CHAIWA TANNARAN TEMPLE 2

王炼 WANG LIAN
建筑速写 /2023 ARCHITECTURE SKETCHES/2023 21cm×30cm

柴瓦塔那兰寺 3 CHAIWA TANNARAN TEMPLE 3

王炼 WANG LIAN
建筑速写 /2023 ARCHITECTURE SKETCHES/2023 21cm×30cm

柴瓦塔那兰寺 4 CHAIWA TANNARAN TEMPLE 4

王炼 WANG LIAN
建筑速写 /2023 ARCHITECTURE SKETCHES/2023 21cm×30cm

柴瓦塔那兰寺 5 CHAIWA TANNARAN TEMPLE 5

王炼 WANG LIAN
建筑速写 /2023 ARCHITECTURE SKETCHES/2023 21cm×30cm

大城府火车站 1 AYUTTHAYA RAILWAY STATION 1

王炼 WANG LIAN
建筑速写 /2023 ARCHITECTURE SKETCHES/2023 21cm×30cm

大城府火车站 2 AYUTTHAYA RAILWAY STATION 2

王炼 WANG LIAN

建筑速写 /2023 ARCHITECTURE SKETCHES/2023 21cm×30cm

大城府遗址公园 1 AYUTTHAYA RUINS PARK 1

王炼 WANG LIAN
建筑速写 /2023 ARCHITECTURE SKETCHES/2023 21cm×30cm

大城府遗址公园 2 AYUTTHAYA RUINS PARK 2

王炼 WANG LIAN

建筑速写 /2023 ARCHITECTURE SKETCHES/2023 21cm×30cm

傣族宗教寺庙建筑 DAI RELIGIOUS TEMPLE ARCHITECTURE

王炼 WANG LIAN
建筑速写 /2023 ARCHITECTURE SKETCHES/2023 21cm×30cm

华欣龙普多寺 LONGPUDO TEMPLE

王炼 WANG LIAN

建筑速写 /2023 ARCHITECTURE SKETCHES/2023 21cm×30cm

曼谷渡船口建筑 1 BANGKOK FERRY TERMINAL ARCHITECTURE 1

王炼 WANG LIAN
建筑速写 /2023 ARCHITECTURE SKETCHES/2023 21cm×30cm

曼谷渡船口建筑 2 BANGKOK FERRY TERMINAL ARCHITECTURE 2

王炼 WANG LIAN
建筑速写 /2023 ARCHITECTURE SKETCHES/2023 21cm×30cm

曼谷华南蓬火车站 BANGKOK HUA LAMPHONG RAILWAY STATION

王炼 WANG LIAN
建筑速写 /2023 ARCHITECTURE SKETCHES/2023 21cm×30cm

曼谷火车市场 1 BANGKOK TRAIN MARKET 1

王炼 WANG LIAN
建筑速写 /2023 ARCHITECTURE SKETCHES/2023 21cm×30cm

曼谷火车市场 2 BANGKOK TRAIN MARKET 2

王炼 WANG LIAN
建筑速写 /2023 ARCHITECTURE SKETCHES/2023 21cm×30cm

曼谷郊区建筑环境一瞥 A GLIMPSE OF THE ARCHITECTURE ON THE SUBURB IN BANGKOK

王炼 WANG LIAN
建筑速写 /2023 ARCHITECTURE SKETCHES/2023 21cm×30cm

曼谷街景建筑 ARCHITECTURE IN BANGKOK STREET VIEW

王炼 WANG LIAN
建筑速写 /2023 ARCHITECTURE SKETCHES/2023 21cm×30cm

曼谷街景 STREET VIEW IN BANGKOK

王炼 WANG LIAN
建筑速写 /2023 ARCHITECTURE SKETCHES/2023 21cm×30cm

曼谷唐人街 CHINATOWN IN BANGKOK

王炼 WANG LIAN
建筑速写 /2023 ARCHITECTURE SKETCHES/2023 21cm×30cm

曼谷唐人街街道 STREET IN BANGKOK'S CHINATOWN

王炼 WANG LIAN
建筑速写 /2023 ARCHITECTURE SKETCHES/2023 21cm×30cm

曼谷卧佛寺 1 WAT PHO TEMPLE IN BANGKOK 1

王炼 WANG LIAN
建筑速写 /2023 ARCHITECTURE SKETCHES/2023 21cm×30cm

曼谷卧佛寺 2 WAT PHO TEMPLE IN BANGKOK 2

王炼 WANG LIAN

建筑速写 /2023 ARCHITECTURE SKETCHES/2023 21cm×30cm

曼谷卧佛寺一角 A CORNER OF THE WAT PHO TEMPLE IN BANGKOK

王炼 WANG LIAN
建筑速写 /2023 ARCHITECTURE SKETCHES/2023 21cm×30cm

清莱白庙建筑 WAT RONG KHUN ARCHITECTURE IN CHIANG RAI

王炼 WANG LIAN

建筑速写 /2023 ARCHITECTURE SKETCHES/2023 21cm×30cm

曼谷郑王庙建筑 ARCHITECTURE OF WAT ARUN IN BANGKOK

王炼 WANG LIAN
建筑速写 /2023 ARCHITECTURE SKETCHES/2023 21cm×30cm

清迈寺庙 TEMPLES IN CHIANG MAI

王炼 WANG LIAN
建筑速写 /2023 ARCHITECTURE SKETCHES/2023 21cm×30cm

曼谷火车头集市 TRAIN NIGHT MARKET RATCHADA IN BANGKOK

王炼 WANG LIAN
建筑速写 /2023 ARCHITECTURE SKETCHES/2023 21cm×30cm

泰国国立政法大学校园一角 A CORNER OF THE CAMPUS OF THE NATIONAL UNIVERSITY OF POLITICAL SCIENCE AND LAW

王炼 WANG LIAN
建筑速写 /2023 ARCHITECTURE SKETCHES/2023 21cm×30cm

宣素那他皇家大学校园 2 CAMPUS OF SUAN SUNANDHA RAJABHAT UNIVERSITY 2

王炼 WANGLIAN
建筑速写 /2023 ARCHITECTURE SKETCHES/2023 21cm×30cm

乍都乍市场 CHATUCHAK MARKET

王炼 WANG LIAN
建筑速写 /2023 ARCHITECTURE SKETCHES/2023 21cm×30cm

乍都乍市场街道 CHATUCHAK MARKET STREET

王炼 WANG LIAN

建筑速写 /2023 ARCHITECTURE SKETCHES/2023 21cm×30cm

真理寺 1 THE SANCTUARY OF TRUTH 1

王炼 WANG LIAN

建筑速写 /2023 ARCHITECTURE SKETCHES/2023 21cm×30cm

真理寺 2 THE SANCTUARY OF TRUTH 2

王炼 WANG LIAN
建筑速写 /2023 ARCHITECTURE SKETCHES/2023 21cm×30cm

2023.1.24.

真理寺 3 THE SANCTUARY OF TRUTH 3

王炼 WANG LIAN
建筑速写 /2023 ARCHITECTURE SKETCHES/2023 21cm×30cm

宗教寺庙建筑 RELIGIOUS TEMPLE ARCHITECTURE

王炼 WANG LIAN
建筑速写 /2023 ARCHITECTURE SKETCHES/2023 21cm×30cm

瓦特普朗寺 WAT PRAH PRANG LUANG

王炼 WANG LIAN
建筑速写 /2023 ARCHITECTURE SKETCHES/2023 21cm×30cm

朱拉隆功大学 CHULALONGKORN UNIVERSITY

王炼 WANG LIAN
建筑速写 /2023 ARCHITECTURE SKETCHES/2023 21cm×30cm

后记

静宁见春 祉猷并茂

速写对设计的重要性不言而喻。设计师认为建筑速写是训练造型能力的一种手段，可以快速记录眼前的大千世界，提高其观察能力和表现能力，有助于加快抽象思维的具象表现，是与他人交流的重要手段，具有交流属性。画家则认为建筑速写是表现建筑绘画的草稿或者草图，是创作之前徒手表现的画稿，可为艺术创作提供参考或借鉴，具有基石属性。建筑大师齐康院士说过：建筑速写是以绘画的形式表现建筑师设计构思的应用性绘画，是不可获取的“活的灵魂”，是美的预言，更铸就了美。

如今的建筑速写随着时代语境不断变化发展，不论在内容还是形式上，都已不是当年那种传统的表达方式。在当今信息技术快速发展的数字化和智能化时代，建筑速写的当代属性和内涵价值更应该被发掘与传播。

吾之愚见，具有时代属性的建筑速写应有以下几种重要意义。其一，外化于形，建筑速写可将眼前观察的物象快速地记录下来，积累素材，快速扼要地提升捕捉物象能力和赋予物象艺术美的能力；其二，内化于心，建筑速写可将头脑中的抽象设计思维快速地表现为具象的图像，不断推敲，提升设计师快速表达和连续设计的能力；其三，知行合一，建筑速写可将快速表现的设计思维与他人进行有效的沟通，传递美感，提升设计的交流能力；最后，理所当然，建筑速写不仅可以提高快速表现、连续设计、设计交流等能力，其实优秀的建筑速写本身就是一幅优秀的艺术作品，具有艺术价值。

我在读大学之时接受了建筑速写的专业训练，至今已十余载。工作时，速写是思维物化之式，研以致远。教学时，速写是传道授业之器，教学相长。此外，每每偶见大千世界之时，不由自主地会随身掏出速写本，快速记录，表现景象，储存记忆。十余载中，积累的建筑速写作品竟然有上千件，信手翻开建筑速写画稿，既有对中国传统乡村淡雅空灵的描绘，也有当今都市建筑环境浓烈狂放的速记，还有对国内外经典建筑连续不断的表现。此次从千幅作品中选出近两百幅集结成册，以飨大家，亦是对近年来建筑与艺术、设计与绘画的整理与再思考。夜深人静之时，看到这些建筑速写的手稿，常追忆独行徒步于繁花似锦、车水马龙城市街头，或是跋山涉水于炊烟袅袅、阡陌纵横的乡野之境，既见天地辽远，又见潮汐孤罄，冷暖悲喜尤为深刻。

建筑速写之路不停，艺术设计之花常开。

感谢天津杨柳青画社为此集的顺利出版付出的辛苦。

王炼

2023 年 1 月